科技史里看中国

清
西方科技踏上东方土地

王小甫 ◆ 主编

人民东方出版传媒
People's Oriental Publishing & Media
东方出版社
The Oriental Press

图书在版编目（CIP）数据

科技史里看中国.清:西方科技踏上东方土地/王
小甫主编.—— 北京:东方出版社,2024.3

ISBN 978-7-5207-3743-2

Ⅰ.①科… Ⅱ.①王… Ⅲ.①科学技术—技术史—中
国—清代—少儿读物Ⅳ.① N092-49

中国国家版本馆 CIP 数据核字 (2023) 第 214280 号

科技史里看中国 清：西方科技踏上东方土地

（KEJISHI LI KAN ZHONGGUO QING: XIFANG KEJI TASHANG DONGFANG TUDI）

王小甫 主编

策划编辑：鲁艳芳		责任编辑：刘之南	
出　版：东方出版社			
发　行：人民东方出版传媒有限公司			
地　址：北京市东城区朝阳门内大街166号		邮　编：100010	
印　刷：华睿林（天津）印刷有限公司		版　次：2024年3月第1版	
印　次：2024年3月北京第1次印刷		开　本：787毫米×1092毫米　1/16	
印　张：5		字　数：67千字	
书　号：ISBN 978-7-5207-3743-2		定　价：300.00元（全10册）	
发行电话：（010）85924663　85924644　85924641			

我很好奇，没有发达的科技，古人是怎样生活的呢？

娜娜，古人的生活会不会很枯燥呢？

娜娜
四年级小学生，喜欢历史，充满好奇心。

旺旺
一只会说话的田园犬。

古人的生活可不枯燥。他们铸造了精美实用的青铜"冰箱"，纺织了薄如蝉翼的轻纱；他们面朝黄土，创造了农用机械，提高了劳作效率；他们仰望星空，发明了天文观测仪器，记录了日食、彗星；他们建造了雕梁画栋的建筑，烧制了美轮美奂的瓷器……这些科技成就影响了古人的生活，推动了中华文明的历史的进程，甚至传播到世界各地，促进了人类文明的进步。

中华民族历史悠久，每个时期都有重要的科技发展。我们一起去参观这些灿烂文明留下的痕迹吧，以朝代为序，由我来讲解不同时期的科技发展历史，让我们一起从科技史里看中国！

机器人洋洋
博物馆机器人，数据库里储存了很多历史知识。

目录

小剧场：去新疆喽

真没想到能跟洋洋来新疆！

嗯，这是我们实地参观走得最远的地方了。

这是艾提尕尔清真寺，是喀什地区的地标建筑，始建于明朝……

你们也太兴奋了吧。

哈哈，不好意思，我们第一次来新疆，太开心了！

为什么要带我们来这里参观呢？

现代地图有什么不一样吗？

我们这一次要了解清代的科技发展，把喀什选为第一站，是因为清朝时，这里才第一次被画进了现代中国地图。

现代地图是用经纬法绘制的，这种技术是清朝时才传入中国的。新疆地域辽阔，古人很难勘察全面。

过去，如果骑马从北京出发，要跑 125 天才能到喀什呢！

宏大而精确的《皇舆全览图》

清朝初年，还是少年的康熙皇帝受西方传教士南怀仁等影响，对地理产生了兴趣，他一边学习传统地理书籍，一边寻找机会进行实地考察。后来每次出巡、征战，康熙都会带上钦天监官员和测量仪器，一到驻地，立即开展对当地的天文、地理情况的考察。这一时期，官员们记录下了许多地点的纬度，为制作地图积累了较为可靠的观测数据。

在康熙执政晚期，他组建了一支由官员和传教士组成的勘探队伍，用西方先进的地图测绘法测量了中国各地的数据信息，然后根据测量结果绘制了地图——《皇舆全览图》。

康熙和《皇舆全览图》

《皇舆全览图》采用星象三角测量法、天文测量法和梯形投影法进行测绘，这是当时欧洲最先进的地图测绘方式。绘制的比例尺为1：1400000，描绘范围十分宽广，东北至库页岛，东南至台湾，西至伊犁河，北至贝加尔湖，南至崖州（今海南岛）。这幅地图后来在欧洲多次出版，成为欧洲人研究东亚地理的宝贵资料。

三角测量法

三角测量法是先测量出十分精确的基准线，然后测量三角形各角，由近及远，逐步推开，到一定距离再实量一条基准线，与推算结果相比较，并校正其误差。就这样，一个三角网接着一个三角网，直到布满整个测绘区域。

由于清朝疆域十分庞大，人们在全国测绘时发现了地球经线的弧长因纬度不同而有所不同的现象，证实了牛顿关于地球为椭圆形的理论。

《皇舆全览图》的测量和制作，是经纬测量定位法和地圆的概念第一次被应用到中国地图的测绘工作中，是清朝前期一项伟大的地理探索成果。

《皇舆全览图》局部

地图中标记的"朱母郎马阿林"就是今天的珠穆朗玛峰一带。

小剧场：布达拉宫的白塔

看！这就是布达拉宫！你们怎么走得这么慢啊？

你是机器人，当然不知道氧气稀薄的感觉。

虽然辛苦，但真是值得啊。以前只在课本里看过布达拉宫，没想到真的有机会看到呢。

这里海拔3000多米，所以氧气稀薄。你们是发生了"高原反应"，我们休息一下吧！

面额为50元的人民币也绘有布达拉宫。

是啊，布达拉宫是世界文化遗产，始建于 7 世纪，但我们现在看到的建筑是 17 世纪重建的。

这个塔的样式，我们上次在北京看到过呢——那个元朝白塔。

没错，那座塔叫做妙应寺白塔，也是藏传佛教式佛塔。这种佛塔都像一个倒过来的钵盂一样，所以叫覆钵式。

难怪这么宏伟的布达拉宫会在清朝重建，原来朝廷很支持啊。

我们等下进宫殿参观，你就会对这段历史更了解了。

元朝和清朝都很尊崇藏传佛教，在全国修建了很多藏式佛塔、佛寺。

布达拉宫和外八庙

　　清朝建立以后，朝廷在全国修建了很多藏传佛教建筑，其中最著名、最宏大的就是位于拉萨的布达拉宫。布达拉宫原本是 7 世纪时，西藏赞普松赞干布为迎娶文成公主修建的宫殿。明朝末年，五世达赖建立甘丹颇章王朝，后来又被清朝政府册封为西藏地方政教首领，当时距离松赞干布的时代已经过去 1300 多年，布达拉宫已经残破不堪，于是五世达赖从 1645 年开始了重建宫殿。现在的布达拉宫依山而建，建筑群分白宫和红宫两部分，主体结构为藏式，红宫的屋顶采用汉式歇山式和攒尖式。

布达拉宫

　　布达拉宫是一个大型汉藏结合式建筑群，包含白宫和红宫两部分。外墙厚达 2—5 米，墙基直接埋入岩层，墙身全部用花岗岩砌筑，每隔一段距离都会用铁汁灌注墙体，进行加固。红宫的屋顶为歇山式和攒尖式设计，上覆鎏金铜瓦，属于汉式建筑风格。

康熙时期，朝廷在河北修建了承德避暑山庄，当时又称热河行宫，是皇帝夏天避暑和处理政务的场所。承德避暑山庄分宫殿区、湖泊区、平原区、山峦区四大部分，是一座超大型园林。为了显示执政者对藏传佛教的重视，康熙至乾隆年间，朝廷又在山庄东部和北部修建了8座藏传佛教寺庙，合称"外八庙"。这8座寺庙分别是溥仁寺、溥善寺（现已不存）、普宁寺、安远庙、普陀宗乘之庙、殊像寺、须弥福寿之庙和广缘寺。1994年12月，外八庙与避暑山庄一起被列入世界文化遗产。这些雄伟的建筑不仅凝结着古代工匠的智慧和辛劳，更是民族交流的产物。

外八庙中的溥仁寺、溥善寺是为庆贺康熙60寿辰兴建的庙宇，溥善寺现已不存，而溥仁寺是唯一存世的康熙时期的庙宇；其余寺庙为乾隆年间修建，这些庙宇建造时分别参考了新疆伊犁固尔扎庙、西藏布达拉宫、五台山殊像寺、西藏扎什伦布寺等著名寺庙，可以说集合了庙宇建筑的精华。

"外八庙"之普宁寺

普宁寺始建于清乾隆年间，是一座汉藏结合寺庙。寺庙前半部为汉式，具有汉族传统佛教寺庙的特征；后半部为藏式，仿西藏桑鸢寺而建，两种不同风格的建筑融为一体。

"外八庙" 之安远庙

安远庙修建于乾隆二十九年（1764年），仿新疆伊犁固尔扎庙修建，所以又称"伊犁庙"。安远庙打破了汉式寺庙坐北朝南的"伽蓝七堂"的传统布局，在风格上明显保留固尔扎庙的风格，但又巧妙地融进了汉、藏民族的建筑元素，从而使整个庙宇从布局、外观和建筑上，都别具一格。

"外八庙" 之普陀宗乘之庙

普陀宗乘之庙是为庆贺乾隆60寿辰而建，是仿西藏拉萨布达拉宫修建的，又称小布达拉宫，"普陀宗乘"是藏语"布达拉"的汉译。普陀宗乘之庙占地22万平方米，主体建筑大红台位于山巅，大红台内四周群楼簇拥着中间的"万法归一"殿，殿顶用鎏金鱼鳞铜瓦覆盖。大红台周围建有60多座平顶碉房。

清廷不光在河北修建了外八庙，还在北京修建了双黄寺。双黄寺是东黄寺和西黄寺的合称，这两座寺庙都建于顺治时期，其中西黄寺曾是西藏达赖五世来北京觐见时的驻锡地，班禅六世在此圆寂。1987年，中国藏语系高级佛学院在西黄寺成立，每年都有来自西藏、内蒙古等地的活佛高僧在这里接受高等佛教教育。西黄寺占地面积达900多平方米，沿中轴线从南到北依次分布着山门殿、大殿、牌坊、东西配殿，核心处建有一座藏传佛教白塔，名为清净化城塔。可惜的是，东黄寺的建筑现在已经荡然无存了。

西黄寺

　　西黄寺主体建筑为汉式院落，屋顶用绿色琉璃瓦覆盖，墙壁刷红漆，庙堂掩映在苍松翠柏之间，气度庄严。

清净化城塔

　　塔台中央为主塔，塔高15米，为覆钵式喇嘛塔。塔基呈八角形，其上有八角形须弥座，八面各有卷草、莲瓣、云彩、蝙蝠等花纹浮雕，雕工极精美。转角处还各雕一座力士像，造型生动、细节丰富。

皇家建筑和园林

清王朝定都北京后，沿用了明朝紫禁城作为自己的宫城。由于明末战乱时，紫禁城的大部分建筑都遭到了焚毁，所以在顺治至康熙时期，清廷开始沿紫禁城中轴线重建各宫殿。这项工程耗时漫长，直到康熙三十四年（1695年），重建和修复工程才基本完工。现在紫禁城的三大殿，即太和殿、中和殿、保和殿，以及内廷的乾清宫、交泰殿等绝大部分建筑都是清朝时修建的。

紫禁城鸟瞰

紫禁城始建于明代，但明末被李自成烧毁，仅存武英殿、建极殿、南薰殿、角楼等建筑。清朝定都北京后，开始重建紫禁城。我们现在看到的绝大部分建筑，都是清朝重建的。

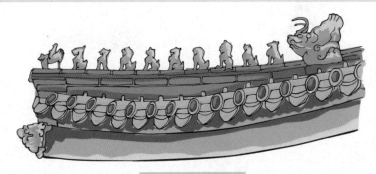

太和殿的脊兽

第一个雕塑是仙人骑凤，随后依次是龙、凤、狮子、天马、海马、狻猊、狎鱼、狼、獬豸、斗牛、行什。

太和殿

太和殿又称金銮殿,是在明代奉天殿的基础上重建的宫殿,它是中国现存规制最高的古代宫殿建筑,也是皇帝举行重大朝典的地方。太和殿还是现存古建筑中唯一在屋脊设 10 个脊兽的建筑。

紫禁城角楼

现在紫禁城城墙上的 4 个角楼均是清朝重修的建筑。每座角楼有 9 梁 18 柱 72 条屋脊,是紫禁城的标志之一。

除了修复紫禁城，清政府还在北京修建了多处皇家园林。皇家园林中最大的是圆明园，它始建于康熙四十八年（1709 年），因为由圆明园、长春园和绮春园三部分组成，因此又被称为圆明三园。中国园林艺术有三大分类，分别是江南园林、岭南园林和北方园林，而圆明园突破了风格的局限，它不仅具备北方园林大气、整齐的特点，还专门营造了江南园林和西洋园林景观，让各种风格融会贯通。园中建有人工湖泊、溪流、山峦，广设殿、堂、亭、台、楼、阁、榭等建筑，还有寺庙、道观；建筑样式也不拘一格，不仅有宫殿式琉璃瓦殿堂，也有民间常见的单檐卷棚灰筒瓦房屋和村居、街市，还有西洋式迷宫、喷泉、廊柱，不拘一格，被称为"万园之园"。

　　不过可惜的是，圆明园在清末被入侵的英法联军付之一炬，现在我们仅能从画作《圆明园四十景图咏》中一窥它当年的景致了。

四十景之"蓬岛瑶台"

　　乾隆时期，皇帝命人将圆明园中的名景绘制成图，这才让我们能一窥当年园中美景。"蓬莱瑶台"是其中一景，台榭建在池塘中央，模拟了传说中蓬莱仙岛的景致。

四十景之"碧桐书院"

碧桐书院位于九州清晏后湖的东北角。乾隆年间，它是皇子们的出生地和起居地。

小知识

所谓大水法其实是指人工喷泉，是原圆明园西洋楼景区的一个部分。

圆明园大水法遗址

在圆明园附近，还有一座规模稍小的园林——颐和园。这座园林的前身是乾隆修建的清漪园，昆明湖、万寿山是园林的核心，建设者在此基址上参考了杭州西湖的美景，汲取了江南园林的设计手法，修建了一座依山傍水的生态园林。但和圆明园一样，清漪园也在19世纪中期遭遇了英法联军的破坏。光绪年间，慈禧太后下令重修园林，并将其改名颐和园。重建后的颐和园占地293万平方米，其中约75%的面积被昆明湖覆盖。园中建筑以佛香阁为中心，另有长廊、石舫、苏州街等代表性景观，由于这里景色优美、夏季凉爽，所以成了慈禧太后和光绪帝的夏季行宫。1961年，颐和园与避暑山庄、拙政园、留园一起被列为中国四大名园。

佛香阁

佛香阁位于万寿山山腰，是一座八面三层四重檐的建筑。阁高41米，内有8根巨大铁梨木擎天柱，结构复杂，为古典建筑精品。

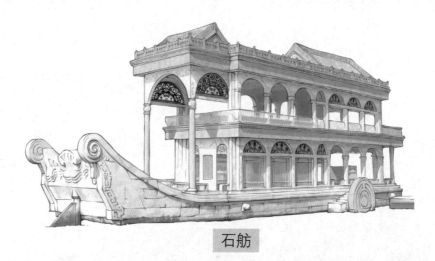

石舫

石舫又称清晏舫，在长廊西端湖边，是一条大石船，也是颐和园唯一带有西洋风格的建筑。船身上建有两层船楼，船底用花砖铺地，顶部有砖雕装饰。下雨时，落在船顶的雨水可以通过四角的空心柱子排入湖中。

风格各异的民间建筑

之前提到的庙宇和园林都是皇室建筑，那么清朝时，民间建筑的风貌又如何呢？明末至清朝中前期，由于经济发展，不少商人积蓄了大量财富，于是民间也形成了一股兴建私家园林的风气。

清朝康熙时，政府在广州、厦门、云台山、宁波设立了通商口岸，允许进行国际贸易，这延续了南方贸易兴盛的局面。但乾隆时又恢复了海禁政策，只留了广州一个口岸，这使海运商贸业务迅速集中到广州一地，广州市及广东省的富庶程度迅速超越了国内其他地方。广东富商们积累了财富之后，往往也会大兴土木、修建园林，这便使岭南园林迎来了发展的黄金期。岭南园林的共同特点是：崇尚自然，追求平实，不重视人工的假山流水；园中建筑形式体型轻盈，装修精美，布局和建筑构件受西方建筑文化的影响较大。清代岭南园林中的四大名园是顺德清晖园、番禺余荫山房、东莞可园、佛山梁园。

清晖园中的喷泉

清晖园中水景的比重较大，园中有宽阔的池塘，池水中设有"九龙喷泉"陶塑，将佛山陶瓷艺术魅力展现得淋漓尽致。

清晖园中的彩色玻璃窗

岭南园林中大量使用进口彩色玻璃构筑花窗，玻璃的透光性好，又耐用，所以受到了广泛欢迎。

岭南园林占地面积一般较小，所以很讲究布局精细、景观小巧玲珑。建筑中常采用彩色玻璃窗户或雕花窗户，屋顶用陶瓷拼贴装饰屋脊或施青砖灰瓦——这些都是极具清中晚期南国风情的建筑元素。由于广东水系丰富，所以园林中往往引取自然流水，塑造人工瀑布和喷泉以营造动感。

清晖园一隅

古典园林在设计时常使用借景手法构建景观，即在视力所及的范围内，将好的景色组织到视线中。

在家具方面，广东富商尤其爱用红木家具。明末清初时，海南黄花梨经过几百年的砍伐，资源已经濒临枯竭，于是人们只得寻找新的优质木材替代品。红木其实不是一个木材品种，而是紫檀、红酸枝等多种木料的混称，用这些木料做成的家具会随着时间流逝，呈现出深红色、深褐色，因此得名"红木"。这些木料大部分都生长在东南亚的原始森林里，清朝时通过海运才进入了中国。

余荫山房

修建于1867—1871年，以小巧玲珑、布局精细的特点著称，充分展现了古代岭南园林建筑的高超造园艺术。

和广东富商相对应的，在北方山西省也出现了一个商人集团，由于山西简称为"晋"，所以这些商人又被称为"晋商"。清代晋商的业务范围广泛，从贩卖绸缎、布匹、颜料、药材、皮毛、杂货、洋货、粮食，到金融放贷，无一不包，他们也不止在国内做生意，还会到蒙古、俄罗斯、中亚做外贸生意——清朝中后期，晋商发展达到了顶峰。晋商在积累了大量社会财富以后，也把修建住所大院当作了一件大事，今天位于山西的乔家大院、王家大院等，就是富可敌国的晋商们留下的豪宅。

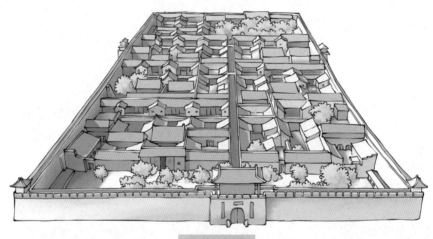

王家大院

　　王家大院是太原王氏家族在康熙、雍正、乾隆、嘉庆四个时期持续建设修成的北方建筑精品，总面积达到 25 万平方米，由多个四合院建筑群构成。

王家大院中的砖雕

　　王家大院以"三雕"著称，即院内的砖雕、木雕、石雕，这些雕刻都是清朝时期一流工匠的作品。

乔家大院

    乔家大院始建于清朝乾隆年间，是清代著名商业金融资本家乔致庸的家宅，被称为"北方民居建筑的一颗明珠"。目前，乔家大院已被辟为国家二级博物馆，里面藏有 5000 多件珍贵文物，是人们了解山西晋中一带的衣食住行、风土人情、民间工艺的资料库。

    中国的三大商派，除了粤商、晋商，还有安徽的徽商。徽商兴起于宋朝，明清时迎来了全盛期。安徽的木材、桐油、墨、砚、纸、茶叶，都是畅销产品，在明清时已经形成了品牌。

    南宋迁都临安时，曾大兴土木，筑宫殿、建园林，这刺激了安徽的竹、木、漆经营，也培养了大批徽州工匠。安徽一地淡雅、崇尚自然、重视工艺的建筑文化也在这种背景中悄然形成了。明清时期，徽派富商营建的豪宅、宗族乡亲修建的村落，便是这种建筑文化的体现。徽派村落一般依山傍水，住宅或面临街巷，或散落在山麓丛林之间，灰墙黑瓦与植物的浓绿相映成趣，显得生机勃勃又恬淡雅致。现在安徽歙县的雄村、江村，黟县的西递村、宏村等就集中体现了徽派建筑独特的艺术魅力。

安徽宏村

　　位于黄山西南麓，始建于南宋绍熙年间，是典型的徽派村落。徽派民居以白墙黑瓦、高耸的方形山墙为特色，这些墙可以在发生火灾时阻止火势蔓延。

西递村追慕堂

　　追慕堂建于1794年，是西递胡氏祭拜先人的祠堂。屋顶为飞檐翘角，檐下三元门外设有木栏，八字墙用整块打磨光滑的黟县大理石制成，风格独特，极为精美壮观。

西递村走马楼

　　修建于清代乾隆年间，商人胡贯三为了迎接宰相亲家曹振镛修建的砖木庭院。因房间外的走廊宽敞，甚至可以让马通过，因此得名。走马楼分上下两层，粉墙墨瓦，飞檐翘角，在此凭栏远望，可将整个村落的景致收于眼底。

　　清朝民间的豪宅、村落不仅位置优越、结构合理，在细节上的雕琢也十分丰富。无论是北方或南方的豪宅，都喜欢使用木雕、石雕做装饰，雕刻内容多取材自民间故事或有吉祥寓意的模板，浮雕、透雕、圆雕的技法也不拘一格。清朝时还很流行在木雕外上金漆或银漆，营造更华丽的视觉效果。这些装饰部件的使用远远超过清以前的任何朝代，它们不仅体现了民间工匠高超的技艺，也反映了清朝手工艺行业的发达。

登峰造极的瓷器

清朝前期，也和其他朝代一样，非常重视手工业。在康熙至乾隆年间，制瓷业也迎来了一轮快速发展。这一时期，工人们对釉料的配方掌握得更纯熟了，他们开始把氧化锑加入釉料中，使瓷器的釉色呈现出稳定的明黄色或橙色。氧化锑是一种化学成分，有三氧化二锑和五氧化二锑。三氧化二锑是白色立方晶体，是一种白色颜料，可以用在陶瓷和搪瓷制品中作为遮盖剂和增白剂。

康熙四十四年至五十一年（1705—1712 年），江西巡抚郎廷极在景德镇督造瓷器，创烧出了素三彩，即宝石红、宝石蓝、宝石绿三色。这些瓷器也因郎廷极的姓氏而被称为郎窑瓷。

藤黄将军罐

现藏于南京博物院。康熙年间产的黄釉盖罐，釉料中加入了氧化锑，烧制完成后瓷器呈现明亮的藤黄色。这种黄釉瓷器从明朝开始，就一直是皇家御用的瓷器。

郎窑红梅瓶

现藏于故宫博物院。梅瓶的内壁施白釉，外壁施郎窑红釉，口部及圈足一周露出白色胎体。郎红釉是以铜为着色剂，由于对烧制的环境、温度要求很严，烧制一件成功的产品非常困难，并且据说这种釉料的原料需要大量的奇珍异宝，因此当时有民谚说："若要穷，烧郎红"，以此凸显出郎窑红高昂的价值。

雍正时期的瓷器生产达到了极高的水平。这一时期的青花瓷造型修长俊秀，纹饰以花鸟为主，风格高雅细腻，与绘画艺术相融合。

　　粉彩瓷是一种色彩丰富、画面饱满的瓷器，首创于清朝，是清朝瓷器制造水平的又一进步。粉彩瓷的图案绘制采用渲染法，色彩丰富，画面层次感强。

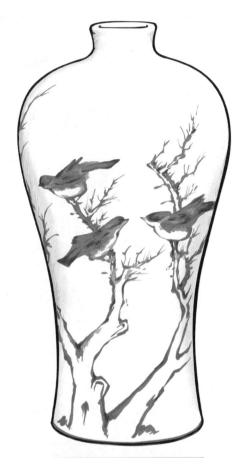

青花枯树栖鸟图梅瓶

　　这只梅瓶烧制于雍正年间，现藏于故宫博物院。梅瓶外壁为青花装饰，通景绘有枯树栖鸟图，栖落在冬日枯树上的山雀两两相对，野趣十足，别有情致。它既是一个花瓶，也是一幅生动自然的花鸟图。

珐琅彩人物图瓶

　　烧制于乾隆年间，现藏于上海博物馆。乾隆时期出品的珐琅彩是康熙、雍正、乾隆三朝最华丽、工艺制作水平最高的瓷器。这些瓷器制作精细、彩料细腻、纹理清晰、取材多样、装饰华美，极大地丰富了瓷器绘画的表现力。

绿地粉彩开光菊石纹茶壶

　　瓷器开光是指在瓷器的某些部位画出边框，在边框中画山水、人物、花卉等装饰花纹。这个茶壶现藏于故宫博物院，烧制于乾隆年间。壶通体饰绿地粉彩团花纹，腹部两面饰长方形开光，内绘粉彩写生菊花、山石、灵芝纹，施彩淡雅，颇具雅逸之趣。

粉彩百花图葫芦瓶

　　现藏于国家博物馆。"百花图"以牡丹为主，辅以菊花、荷花、牵牛花等，花团锦簇，五彩缤纷。因花卉繁密，满布于瓷器，看不到底釉，又有"百花不露地""锦上添花"的美称。这种装饰技法首创于雍正时期，乾隆、嘉庆时期较流行，延续至清末。

纺织业进入机械时代

在清朝前期，纺织业仍采用传统的手工作坊方式生产。北京、福建等地的纺织行业快速发展了起来，南京、四川等地方纺织业也延续了明朝时的辉煌。南京织锦的纹样异常复杂，甚至可以织出一整幅大型绘画。这种织锦仅作为观赏用的艺术品，被皇家收藏。

同一时期，江南三大织造局也迎来了前所未有的繁盛——这三个织造局就是江宁织造、苏州织造和杭州织造，合称"江南三织造"，皇室贵族所用的绸缎基本由它们制作。三织造生产的缎织物花色之丰富、刺绣之精美，在清朝中期达到了巅峰。

清代龙袍

明黄色是皇帝专用的颜色。龙袍使用的丝缎一般由南京、苏州、杭州织造局织造，织出上等黄缎后，再根据典章制度刺绣上各种纹样。龙袍的制作过程繁琐复杂，用料讲究奢侈，一般来说，一件龙袍要耗时两年才能完成。

在同治年间，广东南海地区的莨（liáng）绸得到了快速发展。这种绸缎正面呈黑色、底面呈咖啡色，颜色自然、富有光泽，是一种高级丝绸。北宋时的百科全书《梦溪笔谈》中就曾记载，广东人用薯莨染皮靴。而到了清代，薯莨这种染料才被大规模应用于丝绸染色。

莨绸染色流程

用蚕丝织成平纹织物以后，浸入薯莨块茎汁液染色，浸渍、晾晒的操作要进行多次，使织物附上一层黄棕色的胶状物，再用含有高价铁离子的塘泥均匀涂抹在织物面，再反复晾晒、水洗后就得到莨绸了。

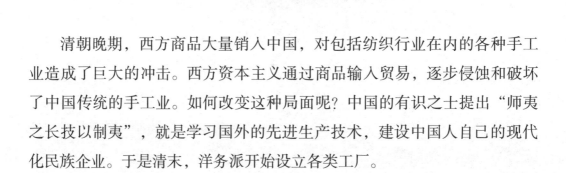

清朝晚期，西方商品大量销入中国，对包括纺织行业在内的各种手工业造成了巨大的冲击。西方资本主义通过商品输入贸易，逐步侵蚀和破坏了中国传统的手工业。如何改变这种局面呢？中国的有识之士提出"师夷之长技以制夷"，就是学习国外的先进生产技术，建设中国人自己的现代化民族企业。于是清末，洋务派开始设立各类工厂。

1889 年，由李鸿章主持筹建的上海机器织布局在漫长的筹建后，终于建成投产。这是我国第一家机器棉纺织工厂，具有划时代的意义。织布局生产规模颇大，设有织布机 530 台，约有纱锭 35000 枚，雇用了几千名织布工人。厂内机械设备全部从国外引进，并请国外技术人员担任总工程师。不过，这家纺织厂可谓命运多舛，不光筹建缓慢，还在筹备期和建成之后经历了金融风暴和火灾。1893 年，上海机器织布局扩大了规模并改名为"华盛"重新投产，然而这仍没有改变纺织厂亏损的命运。

织布局厂房旧址

　　织布局设在上海杨树浦，是洋务运动时期创办的一个典型的民用企业，是近代中国第一家机器棉纺织企业。但在 1894 年以后由于经营失当，连年亏损，而多次转手。

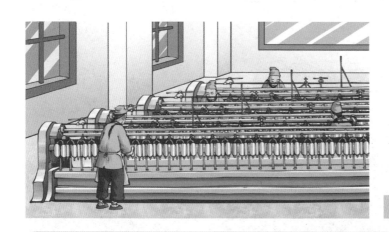

织布局内的生产场景

　　厂内有轧花、纺纱、织布等全套机器设备，雇用工人数千人，在当时的世界范围内都是规模庞大的企业。

清朝前期的新式大炮

在明朝时，西洋的佛郎机炮、红夷大炮等传入中国，明朝人不仅对这些西洋火炮进行了仿制，更对其结构进行了改进，将其与明朝自制的大将军炮等结合起来，制造出了射程更远的火炮。清朝人继承并改进了这些火炮技术，并根据守城、攻城和野战三种场景，把火炮分为重型火炮和轻型火炮两大类。

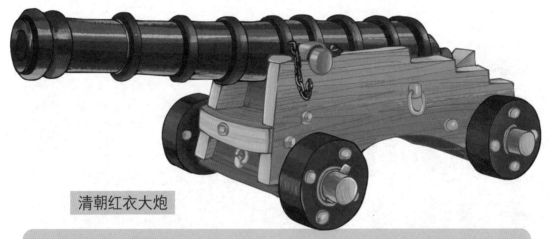

清朝红衣大炮

清朝统治者把"红夷大炮"改名"红衣大炮"，并在其基础上，设计制作了多款本土红衣大炮。这种炮带有纺锤形的炮身，是清朝军队使用的主力火炮。

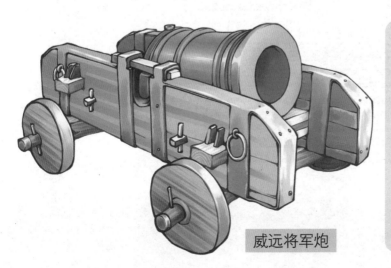

威远将军炮

现藏于故宫博物院，炮身铭文显示其造于康熙二十九年（1690年）。炮身全长69厘米，口径212毫米，是一种典型的大口径短管炮，能发射15千克重的爆炸铸铁炮弹。

康熙初年，吴三桂等人发起了叛乱，康熙虽然发兵讨伐，但由于叛兵火器精锐，清政府一时间并没能消灭这些反叛势力。这场战乱持续了多年，让康熙意识到了发展火炮的必要性。在比利时人南怀仁的帮助下，清政府很快铸造出了威力十足的武成永固大将军炮。武成永固大将军炮体型庞大，制作精美，是清兵武器中的精品。

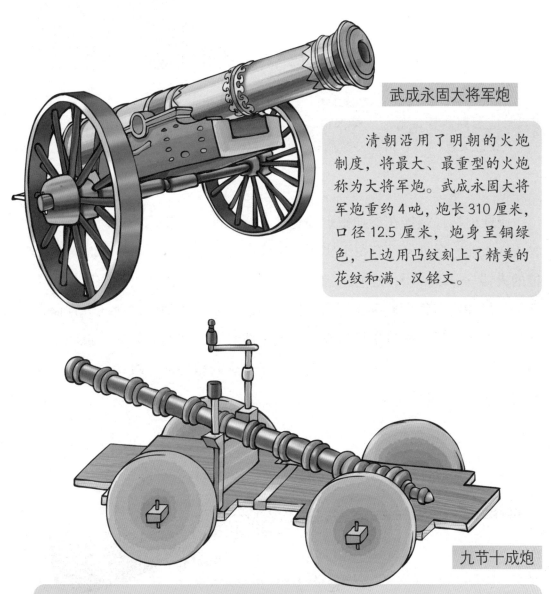

武成永固大将军炮

　　清朝沿用了明朝的火炮制度，将最大、最重型的火炮称为大将军炮。武成永固大将军炮重约4吨，炮长310厘米，口径12.5厘米，炮身呈铜绿色，上边用凸纹刻上了精美的花纹和满、汉铭文。

九节十成炮

　　创制于乾隆年间，是一种可拆卸的大炮。炮身由9节铜管组成，每节一端刻有阳螺纹，另一端刻有阴螺纹，使用的时候，将各个炮节首尾相连，就组成了炮身。

枪械发明家戴梓

清前期，朝廷还出了一位枪械发明家——戴梓。戴梓出生在顺治年间，从小就对兵器产生了浓厚的兴趣。少年时，戴梓就曾制作过多种火器，其中一种的射程达到了百步以上。

戴梓像

1686 年，荷兰使臣向康熙进贡了他们最先进的枪械"蟠肠鸟枪"，康熙随后让戴梓仿制，戴梓很快仿制出来，康熙把这些仿制的枪回赠给了荷兰使臣。戴梓还曾用 5 天仿制出佛郎机炮，可见他在制造枪械上的天赋。

康熙前期，戴梓在参加平定福建藩王叛乱的战争期间，曾研制出了一种连珠火铳。这种枪没有留下实物，但根据文字记载，是一种可以连发 28 枪的火器——乍一听，这有些像机关枪，但实际上，连珠火铳的原理和性能都与机关枪有很大差别。连珠火铳的原理，是将铅弹和发射药分别储存在独立的容器里，通过操控铳身上的两个机轮，完成装弹发射。扳动第一个机轮，一枚铅弹和一定量的发射药落下，进入枪膛内。扳动第二个机轮则实现射击，如此往复可实现 28 次射击。

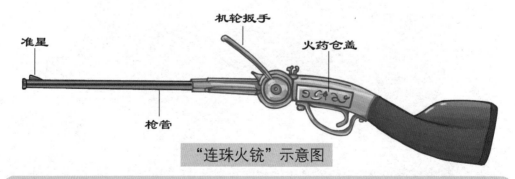

"连珠火铳"示意图

在枪托上有弹仓和发射药仓，弹仓可以放 28 发子弹，在弹仓的下方有一个长方形的发射药仓，盖上盖子就可以使用。

戴梓的另一项重要发明就是子母炮，在康熙亲征噶尔丹等战役中发挥了巨大作用。不过戴梓却因为发明子母炮，而得罪了自己的上司南怀仁，原因是南怀仁是比利时人，他给康熙介绍子母炮时，说那是比利时的特产，但他花了很长时间都没能制造出来，而戴梓仅用8天就制造出来，这自然遭到了南怀仁的嫉妒。后来戴梓遭遇了诬陷、流放，最终客死异乡。

　　从清朝前期的火炮，以及戴梓发明的枪械来看，清朝前期的武器并不落后于西方，但清政府对火器的轻视，对人才的埋没逐步造成了后期军事上的落后。

子母炮

　　子母炮的母炮长约177厘米，重约47.5千克，炮身后腹有一个可以安装子炮的装药室，一台母炮一般配备5个子炮。在明末清初，子母炮是相当先进的武器。

洋洋，你怎么又带我们来参观厂房呀？

这里复原的是江南制造总局的炮厂厂房。江南制造总局是清朝时期成立的军事工业生产机构，是当时我国最重要的军工厂。

江南制造总局以生产枪炮、子弹为主。

这是我们第一次参观机械化的工厂呢！

是的，清朝洋务运动时期，洋务派主张创立了军事工业和民用企业，想要通过利用西方的先进技术来强兵富国。

遗憾的是，这些企业并没有使当时的中国走向富强……不过，现在我们的生产技术已经十分先进，处于世界领先地位了！

亚洲最先进的军工厂

晚清时期的中国内忧外患、风雨飘摇。西方列强对我国的资源和土地虎视眈眈。为了强兵富国，清政府中的洋务派开始设立工厂，学习西方先进技术。在洋务运动中诞生了一批军事工业和民用企业，军工厂生产的枪械，对清朝军事力量有一定的提升作用，也抵制了外国资本的入侵。

清末军工厂中规模最大的一家叫江南机器制造总局，它在1865年创建于上海，是当时东亚地区最大的军工厂。1867年，江南制造总局仿制出德国毛瑟步枪，且已具备制造当时世界上最流行的林明敦军用步枪的能力。1891年，江南机器制造总局自主创新将曼利彻军用步枪改制为"快利枪"，使其更加灵巧方便。

线膛钢炮

中国人民革命军事博物馆中藏有一门线膛钢炮，炮上有铭文"光绪二十四年（1898年）江南制造局造"。这门炮的最大射程约4000米。说明当时的火炮制造已达到较高水平。

江南机器制造总局后来开始造船，仅6年间就造船136艘，还接到美国订单，为其制造了4艘万吨轮船，这是我国从未签订过的大订单。另外，江南制造总局还生产了中国第一艘自造汽船（木制船身）和中国第一艘铁甲军舰。

1865 年，李鸿章将原本位于上海的洋炮局迁到南京，改名为金陵机器制造局，并逐步扩大生产规模。金陵机器制造局使用的设备全部从英国、德国和瑞士进口，生产出的枪炮有美式加特林机关炮、德国克鲁森式 37 毫米后膛炮、美式诺登飞多管排列机枪等，这些枪炮正是中法战争中北洋舰队使用的武器。

金陵机器制造局大门

金陵机器制造局原址保存较好，现在已辟为博物馆。在 19 世纪，机器局生产的枪炮类型主要有仿马克沁机枪、连珠格林钢质炮、神机连珠钢质炮、洋式前膛抬枪及炮弹、炮车等。

金陵机器制造局制造的机关枪

1888 年，金陵机器制造局成功仿制了马克沁机枪，这款枪械可以自动装弹射击甚至自动退弹壳，每分钟可以发射 600 发子弹。

湖北枪炮厂由湖广总督张之洞于1890年开办，厂中生产设备主要购自德国，是当时全国兵工厂中最新式的。湖北枪炮厂可制造连珠毛瑟枪 (口径为7.9毫米)、克虏伯山炮、丹玛新式79机关枪等。

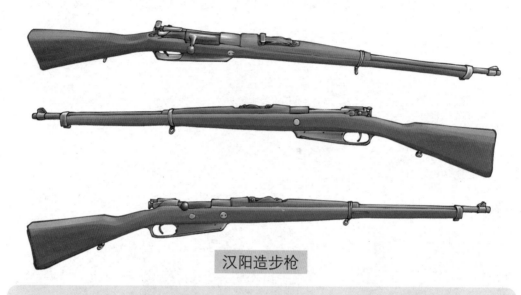

汉阳造步枪

　　湖北枪炮厂改良后的德国1888年式5响毛瑟枪，便是著名的"汉阳造"，到抗日战争时期依然是中国陆军的主力武器。

福州船政局由闽浙总督左宗棠开办，生产设备采购自法国，工厂承造海军舰船、水上飞机，是当时最重要的舰船工业基地、舰队编练基地。船厂还有自己的学校，在生产经营的过程中培养大批造船、航海的专业技术人员，可以说它是中国海军的摇篮。

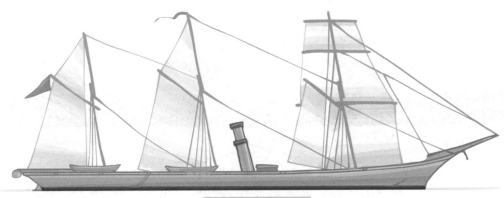

万年清号炮舰

万年清号炮舰是福建船政建造的一艘蒸汽化军舰，生产于1868—1869年。由清政府验收后，先在山东洋面巡防，后又调至台澎协助防务，最后改作商船使用。

天津机器局

天津机器局，是北方最大的兵工厂，可以生产黑色火药、林明敦枪、前膛炮弹、后膛镀铅来福炮弹、各式水雷等，还在1880年建造了中国第一艘潜水艇和第一套舟桥。

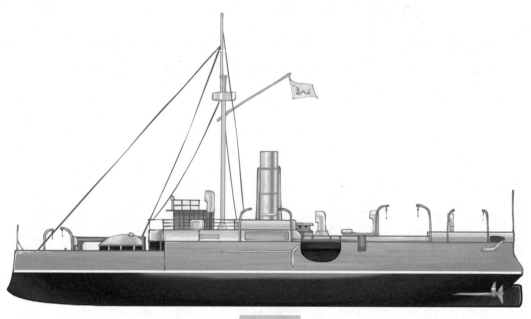

平远舰

平远舰是福州船政局参考法国三艘战船后，设计而成的全钢甲军舰，它代表着19世纪中国造船工业的最高水平。在1895年威海保卫战中，平远舰被日本水师收编。后在1904年爆发的日俄战争中，被俄国水雷击沉。

广甲号巡洋舰

广甲号巡洋舰是福州船政局于19世纪建造的一条铁胁木壳舰船，是"威远"级的第六号舰。早期在广东水师服役，后来编入了北洋水师，参加了黄海海战。在战斗中不慎触礁，不久被路过的日军舰队击毁。

广乙号鱼雷巡洋舰

1888 至 1890 年由福建船政局建造，是中国乃至亚洲自造的第一艘鱼雷巡洋舰。采用全钢材质。原隶属于广东水师，后编入北洋水师。在 1894 年甲午海战中独自对抗 3 艘日舰，重伤搁浅自焚。

　　既然晚清的军械技术如此先进，又为何屡屡在战争中失败呢？这主要有军械产量和军队管理两方面的原因。首先，晚清的军工业虽然规模较大，但是总体产量有限，除了某些产品的性能居于世界前列之外，很多产品都不够精良，且成本很高。以江南制造总局生产的步枪为例，清政府生产一支步枪的成本为 17.4 两白银，而外国同款产品的成本仅约 10 两白银，这是因为清朝军工厂使用的绝大部分原料都需进口，无法降低生产成本，这便在资金层面限制了产量。其次，清朝军队管理落后，官员贪腐严重，兵士缺乏训练，在甲午战争时期，一些军队因畏战，一路后退，甚至丢掉了自己的优势军械装备，被日军捡了去。

近代科学机构的设立

清晚期，洋务派不仅在全国设立了多家现代化的工厂，还兴办了一些西式学堂和科学机构。

清末第一所官办外语专门学校叫京师同文馆，成立时仅有英语课程，后来增设了法文、德文、俄文、日文，专门培养外文译员。同治六年（1867年），京师同文馆又添设了算学馆，教授天文、算学知识。学堂中还设有化学实验室、博物馆、天文台等。这一时期的京师同文馆已蜕变为中国第一所现代化高等学校。1902年，同文馆并入于1898年创建的中国第一所具有现代意义的大学——京师大学堂。

小知识

京师大学堂创建于1898年，是我国第一所由中央政府建立的综合性大学。它也是北京大学的前身，曾为新中国培养了许多学术人才。

京师大学堂校牌

京师同文馆旧址大门

上海徐家汇天文台由法国天主教会提议，于同治十一年（1872年）正式兴建，同年7月完工。徐家汇天文台开始时的工作范围，主要是进行黄道光和气象要素的一般记录，两年后又开始记录地磁要素。随后筹设了航海服务部，引进伯克利风向风速仪。两年后在外滩设立信号塔，每日定时悬挂气象符号标记，为黄浦江上的船舶提供气象预报服务。1901年，法国神父在佘山山顶设天文台，并为天文台配置了双筒折射望远镜、中星仪等机械，后来又引入日本大森式倾斜仪，开始了地震预报工作。

外滩信号气象塔模型

模型展示于上海气象博物馆。根据记载，气象塔为木制，高33米，顶端装有伯克利风向风速仪。

徐家汇天文台

徐家汇天文台是法国人始建的现代化机构，提供气象、地震预报服务，同时出版了大量天文与地磁领域的专业刊物。

小剧场：女性科学家

徐家汇天文台好先进啊，不过是法国人修建的。

是啊，清朝的现代科学研究已经完全落后于西方了，很多先进的机械和科学理论，都是外国人带来的。

不过，近现代中国还是出现了很多优秀的科学家哦。

你们看，她是清朝前期优秀的数学家、天文学家王贞仪。她写的《月食解》清楚地阐明了太阳、地球、月亮的关系。

哇！女性科学家在古代很少见啊。

封建社会确实很少有女性科学家。不过王贞仪的出现，恰恰说明科学家是不分性别的。

那你也可以吗？

哎呀，比起天文学，我还是更喜欢旅游和踢球。

不过，洋洋的话倒是给了我鼓励！下个学期的数学考试，我一定要全部及格！

你的要求倒是很低……

女科学家王贞仪

　　王贞仪生于江宁一个医生家庭，家中藏书丰富，王贞仪自小便被培养了旺盛的求知欲和浓厚的科学精神。虽然王贞仪 29 岁时便因病去世，但她留下了关于数学、天文学研究的大量著作，她在《地圆论》中提出了"宇宙空间中没有上、下、侧、正的严格区别"的理念，又撰写《月食解》一文，精辟地阐述了月食发生及食分深浅等知识，这些研究成果和概念在当时的世界，都是非常先进的。

左右夏有不釋之冰中衞左右有不死之草即今緯度五
度五帶之說也地圓五帶即西法地球之說也而地球之說
不始自西歷昔漢人有海外星占唐一行有錢勒咎刻宋詹
而非中郭若思圓體而宣城梅氏亦精辯乎天圓地
厚奄有靈圓交測皆極言天地球解而伊川又雲天地無適
方之皆又解乎九重之說夫地球處天中又分之爲地球五
帶凡日輪所照臨之處均可布算屈原日圓則九重九重
天輪之約數也自下而上數之月一辰星二太白三日四螢
惑五歲星六鎮星七恒星八有象之天高下重止于八并各
以大氣左旋而九之彼夫居七政之上最大圓最遠于地者
爲恒星恒星之下土星次之木星次之火星次之金星

十二十　風亭六　王　熈氏校印　金陵蔣著

地初無傾側不尤瓌立與合是數說衡之亦以地形爲圓而
不爲方也明甚西歷以南北二極出地之數以觀地離幾何
而又以二百五十裏定直北極高度以爲地形圓而周圍
之外又曰靜天方者以圓則行方則止何哉況以更失之誕妄夫地
皆生齒者亦即此理耳或謂寰宇皆止水地浮水之上天包地
星其二百五十裏差一度者又昭然可推也哉
似空魗既内虛而外實則圓形亦止何哉
地球比九重天論
天體本渾穆合一而歷家辯其層次解其重數於是九重之
說以起又有九天之名九天非九重之比也周髀日天象蓋
笠地法覆槃北極下地高四隤而下即今地圓之說也北極

王贞仪的《地圆论》部分内容

　　王贞仪的《地圆论》收录在《德风亭初集》中，文章解释了为什么人感觉不到地面倾斜的问题，她说：每个住在地上的人，都以自己所在平面为正面，远远看到别的地方，觉得那里的地面是倾斜的，且越远的地方物体应该倾倒的幅度更大些，但这些物体却没有一个是倒下的，那是因为每个地方的人头顶上都是天，脚下都是地。

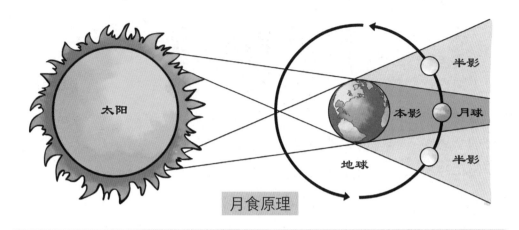

太阳

半影

本影 月球

半影

地球

月食原理

月食的发生，是因为地球挡住了太阳光，月亮刚好进入了地球的阴影中。这个道理今天看来很简单，但王贞仪生活的年代，这是一个复杂的天文问题。

王贞仪还是一个数学家。17—18世纪，安徽数学学派在国内数一数二，王贞仪就是学派中重要的女将。她总结了中国古代数学成就和西方筹算法，写下了《勾股三角解》《历算简存》等数学科普书。

王贞仪短暂的一生著作众多，她在天文学上的著作多达64卷，用"建模"的方式详细解释了各类天文现象。可惜她生活在一个不懂得珍惜科学的年代，作品大多都已经遗失或者被销毁了。但她的故事却传到了西方科学界，世界权威的科学学术期刊《自然》在评选"为科学发展奠定基础的女性科学家"时就收录了王贞仪；1994年，国际天文学联合会也把一个金星陨石坑命名为"王贞仪坑"。

王贞仪模拟月食实验想象图

王贞仪以家中的水晶灯、镜子和桌椅模拟了月食的场景，通过实验弄清了月食的成因，并将其记录在《月食解》一文中。写下这篇文章的时候，她才20岁。

数学家李善兰

中国古代的数学水平一直远远领先世界，这种优势直到清中期仍然存在。1845 年前后，数学家、翻译家李善兰在嘉兴兴办学校，经常与江浙一带的学者在一起讨论数学问题。这期间，他创立了尖锥求积术，这是具有中国传统数学特色的几何和微积分解法。其原理是用尖锥的面积来表示 X_n，用求诸尖锥之和的方法来解决各种数学问题。

李善兰在创立尖锥术的时候，还没有接触过西方的微积分理论。几年后，他开始致力翻译西方科学著作，并将自己的数学研究成果与西方数学理论结合，从此以后，中国传统数学逐渐汇入世界数学的发展洪流之中。

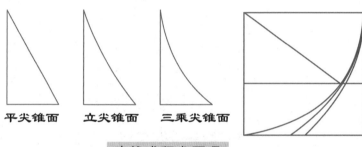

平尖锥面   立尖锥面   三乘尖锥面

尖锥求积术原理

尖锥求积术脱胎于中国传统的求积术，是将图形无限切割后求得近似值。李善兰在创立这一理论时完全靠自己摸索，后来他翻译了西方微积分著作，对传统数学和西方数学进行了融会贯通。

李善兰著《方圆阐幽》

《方圆阐幽》里的 10 个命题涉及尖锥术，在部分命题中，李善兰创立了尖锥图形，这实际上是一种处理代数问题的几何模型，尖锥求积术的算法相当于幂级数定积分公式。李善兰著书时还没有微积分的概念，但实际上已得出了有关定积分公式。

西方科学著作的传播

16 世纪中期，波兰科学家哥白尼撰写了《天体运行论》一书，他在书中提出了三个核心理论：第一，地球是圆的；第二，地球是运动的；第三，宇宙的中心是太阳，地球及其他星球都围绕着太阳运动。1609 年，意大利人伽利略用天文望远镜观测天体，证明了哥白尼"日心说"理论。随后，这本书被传教士带到了明朝时的中国。140 年后的 1760 年，传教士再次来到中国，在乾隆皇帝面前用"七政仪"演示了哥白尼日心学说理论，得到了皇帝的认可。于是到了乾隆中后期，日心说在中国科学界得到广泛传播，成为天文学常识。

演示"日心说"的七政仪

此仪器为清宫旧藏，应为英国制造，传入时间不晚于 1795 年。仪器设有七星的七政盘，盘外层设有火、木、土三颗行星，其中木星带有四颗卫星，土星带有五颗卫星；中层设有地球和月亮；内层设金、水二星；正中间是太阳，可以演示水星、金星、地球等星体绕太阳公转及地球、太阳自转等运行情况。

乾隆晚期以后，越来越多的西方科学著作传入了中国，这些著作涵盖了天文学、代数学、解析几何、微积分、力学、植物学等领域。以李善兰为代表的一批科学家通过翻译、推广这些著作，推动了中国和西方科学界的交流，对中国现代物理学、天文学发展起到了积极促进作用。

幾何原本第十二卷論十二

英國　偉烈亞力　口譯
海甯　李善蘭　筆受

清版《几何原本》

　　李善兰翻译的第一本书，是与著名汉学家伟烈亚力合作翻译的世界数学名著《几何原本》。这是古希腊著名数学家欧几里得的杰作。这本书在明万历年间传入中国，当时徐光启和传教士利玛窦曾合作翻译6卷，但后面9卷一直未有中文译本。

李善兰像

　　李善兰生于1811年，他本身就是一位数学家，在尖锥术、垛积术和素数论方面都有很深造诣，著有《则古昔斋算学》和《考数根法》等著作。他虽未出过国门，却翻译了大量西方科学著作，他因此成为清代中西科技文化交流的代表人物之一。

　　李善兰翻译的其他重要著作还有《重学》（物理学）、《代微积拾级》（微积分）、《谈天》（天文学）等。《重学》是与英国学者艾约瑟合译的物理学著作，书中虽没有提到牛顿的名字，但明确地介绍了牛顿的力学三大定律，这本书也是中国近代科学史上第一部涵盖运动力学、动力学、刚体力学、流体力学的译著。《代微积拾级》是当时美国通用的大学微积分教材，这本书的中文版出版后，立即在知识界引起了巨大的反响。《谈天》是英国天文学家约翰·赫歇耳的《天文学纲要》的中文译本，书中全面地叙述了太阳系结构和行星运动、太阳系的力学原理和物理状况。

19 世纪末的英国科学家赫胥黎撰写了《进化与伦理》一书，在书中阐述了"物竞天择、适者生存"的理论。这部学说是在达尔文《物种起源》一书的基础上著成，但它并不是一部纯生物学著作，而是将"物竞天择"的原理延伸到了人类社会中。这本书出版时，英国正处于维多利亚时代，经济稳定，社会繁荣，自由主义获得进一步的发展，达尔文、赫胥黎的思想学说也风靡了英国。1896 年，学者严复将《进化论与伦理学》译为《天演论》后在天津刊出。他在翻译时并没有全文照译，而是摘选原内容翻译，在阐述进化论的同时加入了自己的评论，联系中国的实际，向人们提出不振作自强就会亡国灭种的警告。这本书刊出后引发了巨大的社会反响。

严复像

　　严复曾作为清朝首批派遣留学英法的学员，留学英国。他最著名的译作就是《天演论》。维新派领袖康有为在看了出版的译稿后，将严复称为"中国西学第一者"。

本土植物学的科学化发展

　　清中期以后，中国本土的植物学逐渐开始向科学研究的方向发展，这一重要阶段开始的标志便是吴其濬所著《植物名实图考》的出现。这一时期植物学逐步走向独立，不再归属在草本学的范畴内。《植物名实图考》在谈及植物的用途时，不再只关心药用和食用，还会论及植物的形态、生态习性、产地及繁殖方式的描述。这本书同时记载了那些尚未发现其功用的植物，收载植物数量比《本草纲目》还多400多种。可以说，《植物名实图考》是具有近代植物学意义的著作，它的出现大大丰富了植物学的内容，具有划时代的意义。

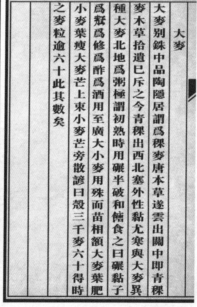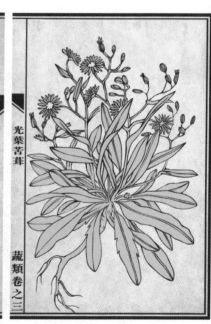

清版《植物名实图考》中的插图

　　书中的植物绘图精细且准确，精美程度远远高于《本草纲目》。其中部分图片把该植物的根、茎、叶、花整株描绘，更准确地揭示了植物形态。

吴其濬在撰著《植物名实图考》时，跑遍了全国各地，其中云南、贵州、广西等亚热带地区是历代本草学家很少探访的地方，而他借由自己担任云贵总督之便，对这些地方丰富的植物种类进行了调查挖掘，使云南等边远地区的植物资源首次得以记载。他特别注重实地考察获取第一手资料，不仅亲自翻山越岭研究植物，还常常亲自栽培、品尝植物原株。对于混杂的植物名称，同物异名或同名异物的现象，吴其濬也做了很多的考订工作。比如，马铃薯在明后期传入中国，在各地推广时使用的名称不一致，在山西，马铃薯被称为"山药蛋"，吴其濬在书中首次收录了这个名称。吴其濬治学严谨，在转引文献时，忠实于古文献原文，全部照录，注明出处，不割裂原书文义，这对古代植物学文献起到了间接保护的作用。

吴其濬实地研究植物

海外农作物的引种

明清时期，许多原产地在国外的农作物也通过贸易传入中国。红薯、马铃薯、辣椒、玉米……这些都是在明朝时传入的，而卷心菜、洋葱、菜豆、苹果等则是清朝时传入的。这些蔬菜和水果在今天的中国，当然已经被普遍种植，但是在清朝刚刚引进的时候是非常珍贵的品种，只有达官贵人才能吃得上，普通老百姓连见到的机会也未必有。

卷心菜和洋葱

卷心菜原产自欧洲地中海沿岸，16世纪时通过日本传入中国。卷心菜传入中国时叫"洋白菜"。

中国、西亚、南美洲是世界三大农作物原产地，我们现在熟悉的很多蔬菜、水果其实都是历史上从外国引进的。而汉至唐、明、清三个朝代，引进的农作物最多——有一个判断农作物引进时代的小窍门，就是看农作物的名称：一般名称里有"胡"字的，比如胡椒、胡萝卜、黄瓜（胡瓜），多是汉至唐时由丝绸之路引进的；名字里有"番"的，如番茄、向日葵（西番菊）、番薯，多是明朝时从海上丝绸之路引进的；名字里有"洋"的，如洋葱、卷心菜（洋白菜）就是近代引进的了。当然，这个方法只能作为参考，很多农作物传入时并没有按这种方法命名。比如明朝时传入的花生、辣椒，名字里就没有带"番"字。

栽种洋葱

　　洋葱原产自西亚，在 1000 多年前的古埃及壁画中，就曾出现洋葱。著于 18 世纪的《岭南杂记》记载洋葱由欧洲人带入澳门，在广东一带栽种。

苹果树

　　中国古代有一种类似苹果的水果叫柰（nài），但果小且干瘪，和现在常见的苹果差别很大。作为经济作物栽培的苹果品种是 19 世纪 70 年代至 19 世纪 90 年代，从美国、德国引种的。

接种牛痘疫苗

天花病毒是一种可怕的病毒，曾经在欧亚大陆上肆虐几百年。为了预防天花病毒引发的传染病，中国人发明了自己的疫苗接种方法，即把天花患者疮疤的结痂磨成粉，吹进或加水塞进未患病者鼻腔，让未患病者提前接触微量病毒从而获得免疫力。这种利用人类患者的疮疤获得的疫苗，叫作人痘。清代初期，我国的人痘接种法引起了外国人的注意与效仿，他们派人前来我国学习这种接种法，人痘接种法在17—18世纪传至欧洲。在19世纪初，又有一种欧洲人发明的天花疫苗传入了中国，这就是牛痘。

18世纪中叶，英国医生琴纳发现当地很多挤奶女工会感染牛痘病毒，得过牛痘的女工就不会得天花，这引发了他的好奇。通过研究，琴纳发现牛在感染天花病毒后，体内的病毒会弱化，挤奶女工提前从牛身上接触了弱化的病毒，并由此获得了免疫力，所以她们不会再得天花。根据这个原理，琴纳发明了牛痘接种法，并开始在英国推广。仅仅数年之后，英国的天花发病率和死亡率都大大下降。在之后十几年的时间里，牛痘接种法传遍了欧洲大陆和美洲，并在1805年传入了广东。由于牛痘法更安全有效，所以很快就在广东甚至全国传播开来。

琴纳为儿童接种牛痘

早期的牛痘接种法是用小刀片蘸取少量牛痘浆，然后在臂膀上划出一个1—2厘米长的伤口，让牛痘浆进入人体。

皮尔逊像

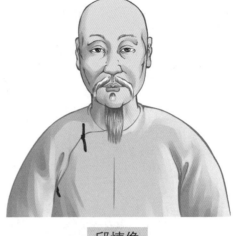

邱熺像

　　皮尔逊是英国东印度公司聘用的外科医生，是他将牛痘带到澳门的。皮尔逊还撰写了一本《英吉利国新出种痘奇书》来介绍牛痘相关知识。例如在保存痘苗方面，皮尔逊就记录道：将干燥的牛痘苗置于象牙簪、鹅羽管中，再用蜂蜜或蜡密封，这样牛痘苗可以保存2个月。

　　邱熺是岭南十大名医之一，有着"南粤种痘第一人"的称号。他原本是商人，1805年在澳门经商时看到英国医生皮尔逊接种牛痘，他去接种后发现效果非常好，于是便开始学习牛痘接种法，并在1817年写成《引痘略》一书，对科普牛痘接种知识，推广牛痘接种起到了极大的推动作用。

《引痘略》中介绍的
牛痘接种法

　　《引痘略》是19世纪清朝名医邱熺撰写的介绍疫苗知识的医书，书中将牛痘法纳入了传统中医体系。图中书页为道光十二年（1832年）印刷版本，现藏于民国医药文献博物馆。

牛痘接种服务起初仅有欧洲人开办的医院提供，后来随着接种人数的增加，很多中医诊所也开办了这项服务。负责接种各种疫苗的医师叫作痘师，逐渐成为一个很紧俏的职业。整个种痘业在 19 世纪快速发展，大型的教会医院还会分批培养痘师，开设专门的疫苗接种诊所，称为"痘局"。

位于香港的东华痘局遗址

　　东华痘局于 1910 年投入使用，是东华医院下设的疫苗接种单位。1872 年，广东暴发了天花，东华医院积极参与抗疫，并在医疗中推广牛痘接种。这次天花瘟疫之后，牛痘才真正在广东普及开来。

《医林改错》阐述解剖学知识

早在南宋时，中国人已有了一定的解剖学知识，南宋"法医"宋慈就曾在自己的著作《洗冤集录》中介绍了许多解剖学方面的知识。清朝时，一位叫王清任的医生在行医时，发现古代的解剖知识常有前后矛盾的地方，为了勘正谬误，他开始深入墓地自行研究解剖知识。

他当时身处的稻地镇正在闹瘟疫，许多病死的尸体堆积在郊外，被野狗啃食。为了获取真理知识，王清任每天清晨都会来到郊外坟地，将那些残破不全的尸首拼在一起，研究其构造。这些研究在封建社会中是被视为"大逆不道"的行为，但他还是勇敢地坚持了下来。他根据死者的内脏情况，绘制出"亲见改正脏腑图"，勘正了古书的谬误，几年后，又根据自己的解剖研究，著成《医林改错》一书。

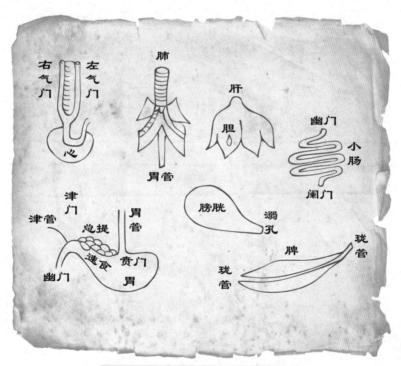

《医林改错》中的脏器绘图

《医林改错》改正了许多前人对脏腑解剖与生理的错误认识，王清任还提出了气血理论，并创制了活血化瘀方剂，至今广泛应用于临床。但受时代限制，《医林改错》中关于解剖的论述也有不少不正确的地方。

哇!

想不到竟然是旺旺先答出来。

哈哈,因为我提前做功课了。

中国第一条全国产铁路——京张铁路。

好厉害!

啊!詹天佑的名字,我在书上看过!书上还说,他是"中国铁路之父"呢。

没错,按现在的话来说,詹天佑可是一个超级学霸呢。他在耶鲁大学学习铁路工程时,还曾获得奖学金呢。

詹天佑主持修建了滦河铁路桥、京张铁路等外国工程师都不敢轻易尝试的项目,维护了中国人的尊严。

京张铁路和滦河铁路桥

晚清时期，清政府意识到了中国与西方的科技差距，于是开始公派留学生去美国和欧洲学习。詹天佑就是这些留学生中的一员。他12岁就到了美国，完成了小学和中学学业，并以纽哈芬希尔豪斯中学全校第二名的成绩，考入了耶鲁大学谢菲尔德理工学院土木工程系学习铁路工程。在耶鲁大学学习期间，他还两次获得奖学金。1881年，詹天佑毕业后立即回到中国，投身教学和工业建设工作。

1888年，詹天佑到中国铁路公司任工程师，在英国人金达手下工作，他参与的第一个项目就是连通开滦煤矿唐山矿的铁路。詹天佑亲临现场，与工人同甘共苦，用了70多天的时间，终于建成了中国第一条国际标准轨距铁路。

唐山铁路

唐山铁路全长12千米，从一个上百年的涵洞里穿越而出。它也是1881年开始修建的京山铁路的一个组成部分。

早在1881年，清政府聘请英国工程师金达修建了唐胥铁路。后来，这条铁路延伸到滦河岸边后却陷入了停滞。当时担任技术指挥的是英国一流的铁路专家喀克斯，他原本信心满满地指挥工人架设桥墩，但由于河水太急，河床泥沙很深，桥墩还没建好就塌了下去。在屡次失败以后，英国人放弃了，他们将这块"烫手山芋"丢给了德国人和日本人，但架桥工作仍以失败告终。不得已，英国工程师金达找到了詹天佑。

詹天佑在研究了河底泥沙土壤之后，决定改变桩址，采用中国传统架桥的方法，让中国的潜水员潜入河底，配以机器操作，这样才完成了打桩。滦河大桥最终在1894年建成。

滦河大桥

滦河大桥是一座单线铁路桥，全长670.6米，采用先进的气压沉箱桥基。

20世纪初的津芦铁路想象图

津芦铁路不仅在中国铁路史上具有特殊地位，同时也是清政府推行"实政改革"期间建成的标志性项目。后来，津芦铁路改名为津京铁路，成为京奉铁路中的一段。

1895年，清政府聘用英国人金达为总工程师，詹天佑为铁路工程师，开始修建津芦铁路。修建过程中，督办胡燏棻（yù fēn）向英国人借贷了40万英镑作为修路资金，这开创了借国外贷款修铁路的先例。1896年，津芦铁路正式通车；1905年，铁路延伸至内城前门外东南，称为正阳门东车站。

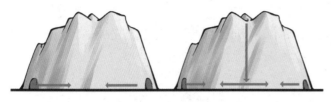

两头向中间掘进　　中部凿井掘进

竖井开凿法示意图

为了加快隧道的修建进度，詹天佑采用竖井开凿法，即在南北两头同时向隧道中间点开凿的同时，从山顶往下开凿两个直井，再从直井底部向隧道口凿进。

　　1903年后，朝廷中开始出现官办铁路的呼声，时任直隶总督兼关内外铁路总办的袁世凯不顾英国、俄国等殖民主义者的阻挠，委派詹天佑为京张铁路局总工程师。1905年7月，詹天佑勘测了铁路沿线，发现铁路经过的地方，全都是崇山峻岭，地势复杂，修建难度极大。10月，京张铁路正式动工，铺轨的第一天，一列工程车的车钩链子就折断了，还造成了脱轨事故。詹天佑安抚了工人，使用了自动挂钩法，终于解决了这个问题——但这仅仅是开始。

　　铁路修建到第二阶段，必须打通居庸关、五桂头、石佛寺、八达岭4条隧道，当时清朝政府没有任何机械化设备，只能依靠工人们挖掘，工程困难程度可想而知。

八达岭隧道建设想象图

建成后的五桂头隧道和石佛寺隧道

第二段工程中还有一个巨大的工程难题，就是从南口到八达岭岔道城的关沟段。这一段地势陡、坡度大，最大坡度达 33‰，这已经超过了当时火车最高爬坡率，如果直接铺设铁路，那么火车一定会面临动力不足、爬不上去的情况。为了解决这个问题，詹天佑参考了美国的高山铁路路线设计，将原本该为直线的路段设计成人字形，用扩充长度的方法来减缓坡度。最后证明这种解决方法非常成功。

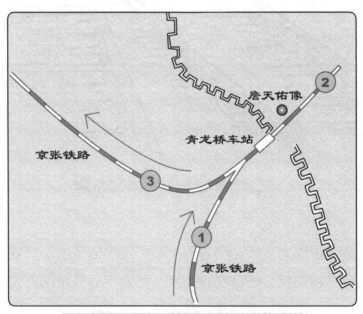

八达岭附近"人"字形路轨平面图

京张铁路最为人所知的工程，就是青龙桥车站的人字形铁路。火车沿路段①行驶时，逐渐转向 90° 进入路段②，然后径直折回，进入路段③，用这种迂回线路克服了坡度过大的问题。

1908年刚建成的青龙桥车站

　　在解决青龙桥段火车爬升动力不足时，詹天佑还创造性地使用了两个火车头，一台在前面拉，一台在后面推。到人字形铁路的头部，火车也无需掉头，原先在前面的机车变成了车尾，由拉变推；原先在后面的机车变成了车头，由推变拉，这样一来火车上山爬坡就容易多了。

　　在工程进入第三阶段后，詹天佑和工人们还架设了长达30米的钢梁大桥，并克服了其他地势问题。终于在1909年9月完成了铁路建设。

京张铁路建成通车后，举国欢庆。它从北京丰台区出发，经八达岭、居庸关、沙城、宣化等地至张家口结束，全长约200千米，是中国铁路建设史上的一座里程碑。京张铁路的建成比计划提前了2年，经费比预算节约了20万两白银。更重要的是，这是中国首条不使用外国资金及人员，由中国人自行设计、指挥，建成并投入营运的铁路，它证明中国人自己也可以完成高难度铁路的设计和施工。

詹天佑带领工人劈开的山头

京张铁路建成后詹天佑与工人合影

飞机设计师冯如

1895 年，一个出生在广东的 12 岁男孩冯如跟随父亲来到了美国，在目睹了当时美国发达的城市建设以后，他萌生了学习机械、发展工业报效祖国的理想。冯如白天当勤杂工，晚上读机械学，苦心钻研数年，精通 36 种机械原理，发明了抽水机、打桩机，制成了性能优良的无线电收发报机。1903 年 12 月，美国莱特兄弟发明了世界上第一架飞机，并成功驾驶飞机飞上天，这给了冯如极大的激励。1906 年，他开始向华侨筹资，自行研制飞机，在屡败屡战 3 年后，他终于在 1909 年制成一架试验性飞机，这就是"冯如 1 号"。9 月 21 日，他驾驶"冯如 1 号"翱翔在奥克兰市天空，以飞行 805 米的成绩超过了莱特兄弟首次试飞 259 米的成绩。美国报纸惊呼："中国人航空技术超过西方！"

冯如像

冯如驾驶飞机试飞

1910 年，冯如驾驶自制的飞机参加国际比赛并取得了冠军。在那个航天事业快速发展的时代，冯如拒绝了欧美的高薪聘请，在 1911 年携飞机回到广州。他参加了革命军，被任命为陆军飞机长，准备着手组织飞机侦察队。可惜在第二年，冯如就在一次飞行表演中罹难，当时的他年仅 29 岁。冯如的一生虽然短暂，但通过飞行事业践行着自己的爱国理想，他正是那个时代为国家救亡图存的中国人的代表。

"冯如 2 号"复原模型

　　1911 年 1 月冯如优化了飞机设计，制成一架"顿异前制"飞机，将之命名为"冯如 2 号"。

小知识

　　"冯如 1 号"是中国人自行设计、研制、生产的第一架飞机，它的升空揭开了中国载人动力飞行史的第一页。

度支部印刷局

清朝末年，财政经济混乱，清政府决定统一印刷纸币来控制局面。1906 年，清政府设立主管财务的度支部；1908 年，度支部设立了度支部印刷局。这是中国历史上首家采用"雕刻钢版凹印"工艺印制纸币的官办印钞企业，是中国现代印钞事业的发源地，也是中国最早印制邮票的企业。

度支部印刷局设立之初，从美国引进了"万能雕刻机"，还高薪聘请了著名雕刻技师海趣、手工雕刻技师格兰特等人到中国工作。海趣在 1908 年到度支部后，不但亲自设计和制作钞票的图案和凹版，还开始负责培训中国技师，他在中国工作期间，制作了一整套精美的大清银行兑换券雕版。

清末度支部印刷局大门

清末度支部印刷局

度支部印刷局位于北京西城区，在1911年辛亥革命以后改称财政部印刷厂，1949年又改为中国人民印刷厂。2008年，北京市政府对这座遗址建筑进行了重新修葺。

大清 10 元纸钞

1911年，度支部印刷局印制的面额10元的大清钞票。钞票上的人像是摄政王载沣。

海趣除了帮助中国人设计和制作钞票以外，还设计了中国第一枚邮票钢凹版。用凹印工艺印出的印刷品，表面会有凹凸纹理感，花纹精美清晰，图案层次分明。现在珍藏在北钞公司陈列馆中的两套"中华民国纪念版邮票"完美地展示了凹版印刷品的精美。

中华民国"光复"纪念邮票

以孙中山像作为设计对象，是世界上最早出现的以孙中山像为主题的邮票，也是中国发行的第一枚钢凹版雕刻纪念邮票。

中华民国"共和"纪念邮票

与"光复"纪念邮票同时发行，邮票上的人物为袁世凯。两套邮票的凹版均由海趣和格兰特设计制作。

后记

　　华夏五千年的历史源远流长，各种重要的科技成就层出不穷，为人类文明的发展作出了不可磨灭的卓越贡献，这是我们每一位中国人的骄傲。不过，我国虽然历来有著史的传统，但对专门的科技发展史却着墨不多。近现代，英国科技史专家李约瑟所著的《中国科学技术史》是一部有影响力的学术著作，书中有着这样的盛赞："中国文明在科学技术史上曾起过从来没有被认识到的巨大作用。"

　　不过，像《中国科学技术史》这样的科技史学著作篇幅浩瀚，囊括数学、天文、地理、生物等各个领域。如何把宏大的科技史用浅显的语言讲述给孩子们，是我一直思考的问题。让儿童也了解我国的科技史，进而对科技产生兴趣，对华夏文明产生强烈的自豪感，那真是意义非凡。

　　经过长时间的积累和创作，这套专门给少年儿童阅读的中国科技史——《科技史里看中国》诞生了。希望这套书的问世能填补青少年科技史类读物的空白。这套书图文并茂，故事性强，符合儿童的心理特点，以朝代为线索将科技史串联起来，有利于孩子了解历史进程。

　　希望《科技史里看中国》能够带孩子们纵览科技史，从历史中汲取智慧和力量，提升孩子们的创造力和科学素养。